U0155675

手绘星球
全景图鉴

海底世界大探险

[英]安妮塔·加纳利　[英]凯特·佩蒂◎著　[英]杰克·伍德◎绘　杨文娟◎译

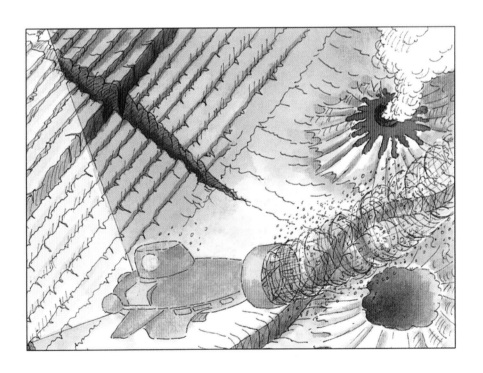

哈尔滨出版社
HARBIN PUBLISHING HOUSE

黑版贸审字 08-2020-037 号

图书在版编目（CIP）数据

海底世界大探险 /(英) 安妮塔·加纳利,(英) 凯
特·佩蒂著；(英) 杰克·伍德绘；杨文娟译. — 哈尔
滨：哈尔滨出版社,2020.11
　（手绘星球全景图鉴）
　ISBN 978-7-5484-5439-7

Ⅰ.①海… Ⅱ.①安… ②凯… ③杰… ④杨… Ⅲ.
①海底 – 儿童读物 Ⅳ.①P737.2-49

中国版本图书馆CIP数据核字(2020)第141864号

书　　名：手绘星球全景图鉴. 海底世界大探险
SHOUHUI XINGQIU QUANJING TUJIAN. HAIDI SHIJIE DA TANXI.

作　　者：[英]安妮塔·加纳利　[英]凯特·佩蒂 著　[英]杰克·伍德 绘　杨文娟 i
责任编辑：杨滟新　赵　芳　　　责任审校：李　战
特约编辑：李静怡　　　　　　　美术设计：官　兰

出版发行：哈尔滨出版社（Harbin Publishing House）
社　　址：哈尔滨市松北区世坤路738号9号楼　　邮编：150028
经　　销：全国新华书店
印　　刷：深圳市彩美印刷有限公司
网　　址：www.hrbcbs.com　　　www.mifengniao.com
E-mail：hrbcbs@yeah.net
编辑版权热线：（0451）87900271　87900272
销售热线：（0451）87900202　87900203

开　　本：889mm×1194mm　1/16　印张：14　字数：70千字
版　　次：2020年11月第1版
印　　次：2020年11月第1次印刷
书　　号：ISBN 978-7-5484-5439-7
定　　价：124.00元（全7册）

凡购本社图书发现印装错误，请与本社印制部联系调换。
服务热线：（0451）87900278

目　录

在海岸

哈里和拉夫乘坐热气球来到海边，着陆后沿着海岸走了很久。

到达山顶需要走很长一段路。他们回头仰望峭壁，上面有很多洞穴和拱门。波浪卷着沙子和石头侵蚀着岩石，形成许多景观。

海洋中的盐和我们吃的盐一样吗？

一样，把海水加热蒸发，就能得到盐。

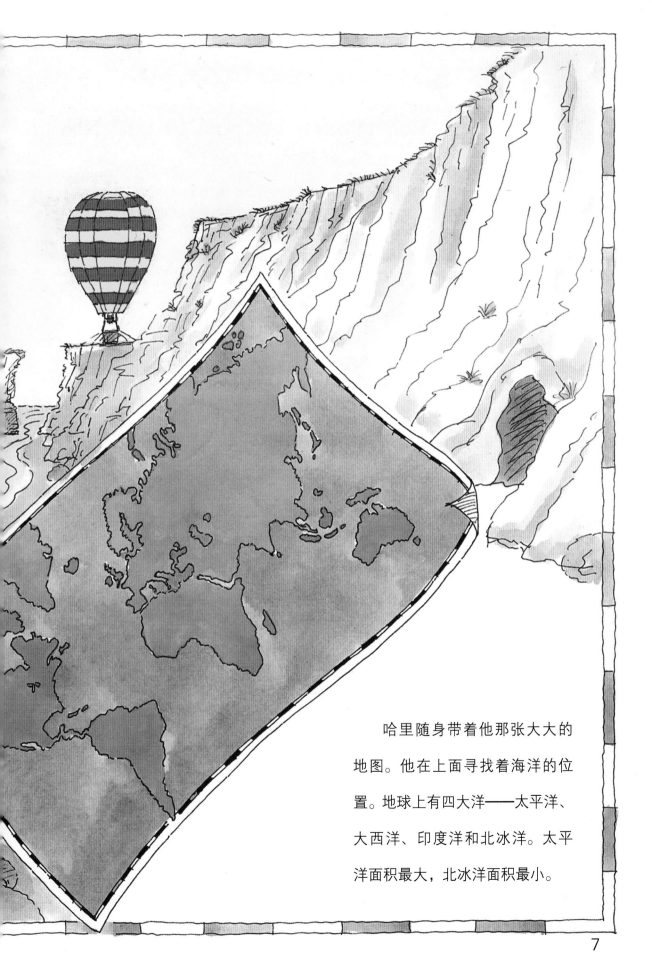

哈里随身带着他那张大大的地图。他在上面寻找着海洋的位置。地球上有四大洋——太平洋、大西洋、印度洋和北冰洋。太平洋面积最大，北冰洋面积最小。

海岸生命

拉夫发现了一个岩石区潮水潭，招呼哈里过来。哈里必须很小心，岩石上长有非常滑的海藻。有些海藻上有很小的空心气囊，里面充满了空气，空气能帮助海藻在涨潮时漂浮上岸。

看那个螺壳，它在动！

那是一只寄居蟹。它自己没有壳，只能借一个壳。这只蟹借的壳太大了！

岩石区潮水潭是一个热闹的地方。那里有攀附在岩石上的帽贝和藤壶，还有在海藻间穿梭的小鱼。他们看见一个形似粉色花朵的海葵，它挥舞着触须四处觅食。

9

潮涨潮落

哈里和拉夫爬到峭壁顶上观看涨潮。他们可不想被海水打湿！

海水每日涨落两次。涨潮时海水涌上海岸和岩石区潮水潭。退潮时海水又流回大海。

这对我来说就够高了！

遥远太空里的月亮是潮汐现象产生的原因之一。在月亮引潮力的作用下，地球上的海水像在大碗中的水一样来回晃动。

有时太阳和月亮的引潮力共同作用，潮水会涨得非常高。

高潮

波浪和洋流

　　趁着潮水高涨时，哈里和拉夫登上一艘小船出海航行。今天风很大，吹得海面翻起了波浪。

　　风越强，波浪越高。很快，海面上波涛起伏，小船也随波摇摆起来。

　　人们迄今所见最高的海浪比帆板还高出十八倍！

抓紧了，拉夫！

看看那些冲浪运动员他们速度超快！

寒流

暖流

　　风吹拂着大洋表层的海水，使表层海水大规模地朝某个方向稳定流动，形成洋流。洋流分为暖流和寒流，在地球上循环流动，为流经的地方带去温暖或寒冷的天气。

下　潜

　　哈里和拉夫想要到水下探险。他们穿上潜水服下潜到水里。

　　水下没有空气，哈里和拉夫自己带了呼吸装备。他们通过一根管子呼吸。

　　鲸鱼和海豚也需要呼吸空气，不过它们可以摒住呼吸半小时以上，这给了它们足够的时间下潜。人类和狗却只能闭气一小会儿。

　　鱼能从水中获得氧气，我们不能。

他们下潜得越深，水下就越黑暗冰冷，水的压强也越大。哈里和拉夫不能潜入太深，不然的话，水的压力会把他们压碎。

狗鲨呢？

从陆地到海洋

陆地并没有在海岸处中断。它微微倾斜，自然延伸到海里，看上去就像被海水覆盖的陆地架子，所以被称为大陆架。

你喜欢吃鱼吗？

我们吃的大多数鱼都来自大陆架。

在大陆架的边缘，陆地像悬崖般
骤降到深海。在悬崖的底部，陆地再
次伸展开来，这部分被称为海底。

是的，我们剩下的
氧气不多了，快回
到海面上吧。

潜入深海

哈里和拉夫换掉他们的潜水装备，进入了一个内壁很厚的特制潜水艇。他们现在不用担心被水压坏，可以去深海探险了。

透过潜水艇，他们看到海底并非平坦空旷。那里和大陆一样，也有山脉和火山。有些山正好耸立在海中央。

海床上还有很深的裂缝，就像陆地上的山谷。最深的裂缝（也叫海沟）深度超过 11 千米，去到它的底部大概需要 5 小时。

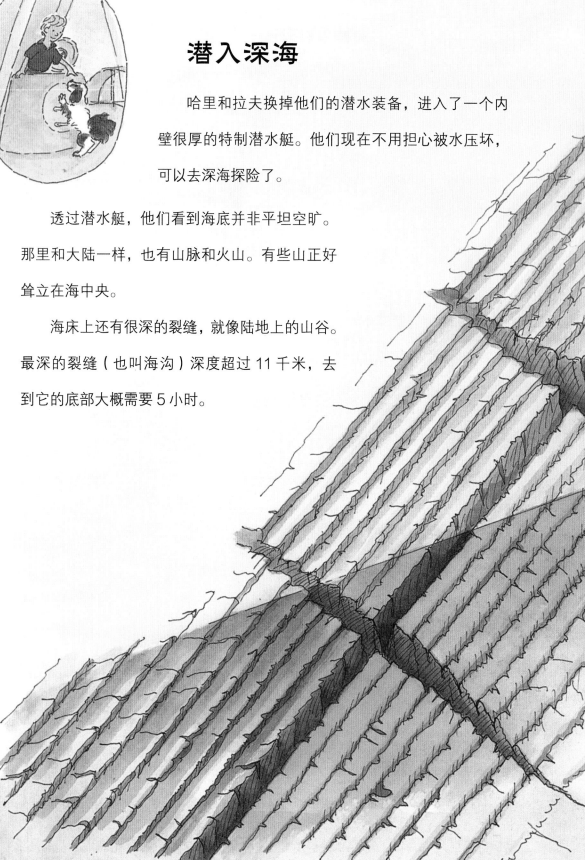

　　深海通常漆黑冰冷。不过哈里和拉夫发现了一个神奇的地方，在那里，滚烫的热水从海床涌出，还生活着一些怪异奇妙的生物。其中最奇怪的是一种红顶白身的巨型蠕虫，它比哈里的身高要高一倍。

19

移动的海床

哈里和拉夫想知道水下的山脉和山谷是怎么形成的。海床开裂形成若干巨型板块。这些板块漂浮在地下深处的岩浆层上。当它们移动时，会改变海洋的形状，形成独有的地理特征。

海床震动产生巨浪，引发海啸。海啸高速横穿海洋，会席卷海岸。

海床的两个板块分离，就形成了高山和火山。滚烫的岩浆涌上来填满了空隙，后冷却变硬，形成岩石。

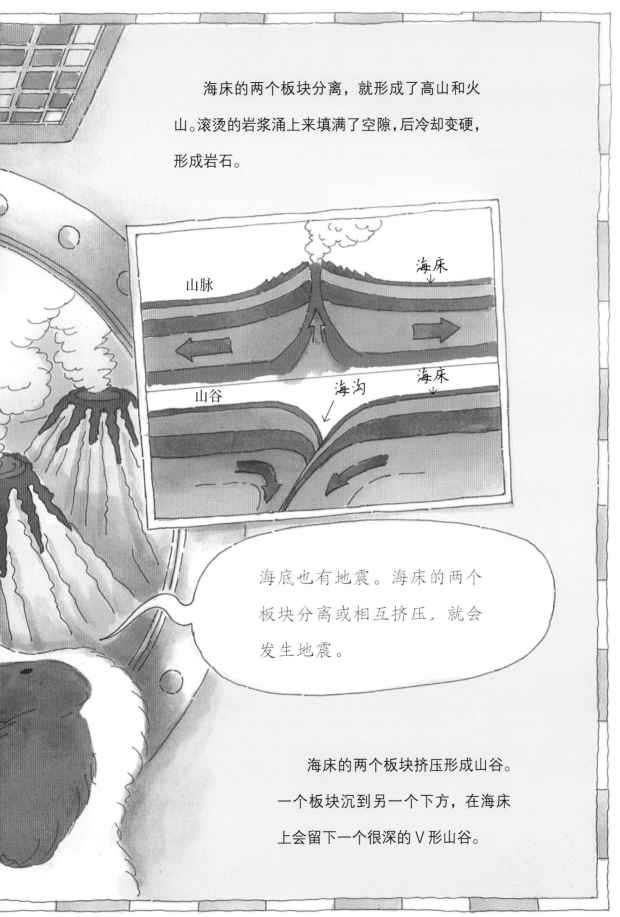

海底也有地震。海床的两个板块分离或相互挤压，就会发生地震。

海床的两个板块挤压形成山谷。一个板块沉到另一个下方，在海床上会留下一个很深的 V 形山谷。

岛屿生命

哈里和拉夫又回到热气球里，顺便游览了几个岛屿。

岛屿是四面环水的陆地区域。有些岛是大陆架高处未被海水淹没的部分。有些岛是高耸的水下火山露出水面的部分。夏威夷是由一百多个古老火山组成的群岛。

最大的岛是哪个？

格陵兰岛。澳大利亚更大，不过它被算作大陆。

火山

有些岛是由珊瑚构成的。海底火
山周围滋生了大量珊瑚。火山缓慢沉
入海里，堆积的珊瑚形成一座珊瑚岛。
你喜欢住在岛上吗?

珊瑚

珊瑚礁

珊瑚礁是海里最亮丽的风景，它们色彩缤纷、生机勃勃。哈里和拉夫套上通气管，出发去探险。

那里有很多形态各异、大小不一的珊瑚，比如脑珊瑚、雏菊珊瑚和鹿角珊瑚等，还有看起来像羽毛、树木和扇子的珊瑚。

最大的珊瑚礁是澳大利亚附近的大堡礁。

珊瑚礁是由一种微小的海洋动物——珊瑚虫的骨骼组成的。它们的骨骼跟你的可不一样，它们会在柔软的身体外形成一个坚硬的外壳。珊瑚虫死后，它们的遗骨会留在原地。

珊瑚礁中栖居着数百种鱼类。那里有蝴蝶鱼、鹦鹉鱼、狮子鱼，还有凶猛的梭子鱼和鲨鱼。

珊瑚群特别特别大，在月亮上都可以看见。

海星的胳膊如果被咬断，还能长出一条新的。

海洋生命

还有其他数百种植物和动物生活在海洋中，小到微小的浮游植物，大到巨大的蓝鲸。蓝鲸是现在世界上最大的动物，甚至比恐龙还庞大。

鲨鱼的牙齿磨损后会脱落，旧牙后面会长出一排新牙。

哈里和拉夫看到一只水母浮在海面上，那是葡萄牙战舰水母。它那些带刺的长触手悬垂在海面下。

一群银色鲭鱼从水母身边游过。

飞鱼跃出水面，躲避饥饿的敌人。

真幸运！它们都不用去看牙医！

海马虽然形状奇怪，不过确实属于鱼类。

海豚头脑聪明、爱好嬉戏。它们会发出"吱吱、啾啾、呜呜"的叫声与同伴沟通。

大白鲨是凶猛的掠食者，牙齿尖锐锋利。不过它们只是偶尔才吃人，它们有时会错以为看到的人类是鱼！

深海生物

尽管深海黑暗冰冷，那里却生活着一些最为奇特的海洋生物。

宽咽鳗以沉下海面的小块食物为生。食物需要好几天时间才能到达它们那里。宽咽鳗嘴巴很大，可以捕食很多的食物。

深海鮟鱇头上长着一条长长的肉状突起，形似一根钓鱼竿，顶端会发光。小鱼会以为那是吃的东西而游向诱饵，接着，鮟鱇会一口把它们吞下。

下次去海边的时候，试着尽可能多地收集些不同种类的贝壳和卵石。你可以把它们放在篮子或碗里，放在家中当作装饰。

索 引